"MUTACIÓN C677T DEL GEN DE LA METILENTETRAHIDROFOLATO REDUCTASA"

CICLO FORMATIVO DE GRADO SUPERIOR DE LABORATORIO CLÍNICO Y BIOMÉDICO

Desirée Martínez Briones

ÍNDICE

1. Introducción

Los genes son las unidades básicas de la herencia y se transmiten de la madre y del padre.

Todos tienen dos genes MTHFR, uno heredado de la madre y el otro del padre. Las mutaciones pueden ocurrir en uno o ambos genes MTHFR. Hay diferentes tipos de mutaciones MTHFR. La prueba de MTHFR busca dos de estas mutaciones, también conocidas como variantes. Las variantes de MTHFR se llaman C677T y A1298C.

El gen MTHFR ayuda a que el cuerpo descomponga una sustancia llamada homocisteína. La homocisteína (figura 3) es un tipo de aminoácido, una sustancia química que el cuerpo utiliza para producir proteínas. Normalmente, el ácido fólico y otras vitaminas B descomponen la homocisteína y la transforman en otras sustancias que el cuerpo necesita. En el torrente sanguíneo debería quedar muy poca homocisteína.

Si tiene una mutación MTHFR, su gen MTHFR tal vez no funcione bien. Esto puede hacer que se acumule demasiada homocisteína en la sangre, y causar problemas de salud como:

- Homocistinuria, que afecta los ojos, las articulaciones y las capacidades cognitivas.

Generalmente comienza en la primera infancia.

- Mayor riesgo de enfermedad del corazón, accidente cerebrovascular, presión arterial alta y coágulos de sangre.

Además, las mujeres con mutaciones de MTHFR tienen un mayor riesgo de tener un bebé con uno de los siguientes defectos congénitos:

- Espina bífida, conocida como defecto del tubo neural. Es un defecto en el que los huesos de la columna vertebral no se cierran completamente alrededor de la médula espinal.
- Anencefalia, otro tipo de defecto del tubo neural. En esta anomalía, partes del cerebro

o del cráneo pueden faltar o estar deformadas.

Los niveles de homocisteína se pueden reducir tomando ácido fólico u otras vitaminas B. Pueden ingerirse como suplementos o agregarse a la dieta. Si necesita tomar ácido fólico u otras vitaminas B, su médico o profesional de la salud le recomendará la mejor opción para usted.

Las pruebas utilizadas para su detección son la homocisteína total en plasma y la prueba de la mutación del ADN de la metilentetrahidrofolato reductasa.

Otros problemas de salud como colesterol alto, enfermedad de la tiroides y deficiencias en la dieta también pueden elevar los niveles de homocisteína. La prueba de MTHFR confirma si la causa de los niveles elevados es una mutación genética.

2. Objetivos

La mutación C677T del gen de la metilentetrahidrofolato reductasa es muy poco conocida actualmente. Pretendo revisar la prevalencia de la mutación C677T del gen de la metilentetrahidrofolato reductasa en diferentes zonas geográficas así como su importancia en el área de la genética, su tratamiento, las pruebas realizadas para su diagnóstico y evolución.

3. Desarrollo

La 5,10-MTHFR es una enzima que interviene en el metabolismo de la homocisteína, aminoácido sulfurado producto intermedio del metabolismo de la metionina, que a su vez procede de las proteínas de la dieta. La homocisteína se metaboliza por dos vías posibles: remetilación o transulfuración. (Figura 1)

La remetilación ocurre cuando la homocisteína se metila para formar metionina mediante dos rutas metabólicas independientes. Una de ellas es catalizada por la metionina sintetasa, que requiere al 5-metiltetrahidrofolato como donante de grupos metilo y la vitamina B12 como cofactor. Así, el 5-metiltetrahidrofolato es convertido en tetrahidrofolato por la 5,10-metilentetrahidrofolato reductasa, entrando en el ciclo de los folatos para formar de nuevo 5-metiltetrahidrofolato.

La transulfuración ocurre cuando hay un exceso de metionina o se precisa sintetizar cisteína, la homocisteína entra en la vía de la transulfuración uniéndose a un residuo de serina para formar cistationina catalizado por la cistationina-b-sintetasa que requiere vitamina B6 como cofactor. La cistationina es hidrolizada posteriormente a cisteína, que se puede incorporar a la glutatión o bien sufrir nuevas reacciones metabólicas hasta que el sulfato se excreta por la orina.

A principios de la década de los sesenta, se comunica la presencia de homocisteína en la orina de pacientes con retraso mental y trombosis arterial prematura. Años más tarde, se demostró que la enzima cistationina-β-sintetasa era deficiente en estos pacientes y que los trastornos tromboembólicos eran muy frecuentes. A finales de los sesenta, se concluye que los trastornos vasculares en este tipo de pacientes estaban asociados a los niveles elevados de homocisteína. Posteriormente, se describe la homocistinuria por déficit de MTHFR.

Las alteraciones genéticas asociadas con hiperhomocisteinemia leve (16-24 mmol/l) o moderada (25-100 mmol/l) se describen más tarde, en la década de los noventa, fundamentalmente, la mutación C677T o variante termolábil de la MTHFR y el déficit heterocigoto de cistationina-β-sintetasa. La primera de ellas constituye la forma genética más común de hiperhomocisteinemia leve-moderada.

Como se observa en la tabla 1 del anexo, la hiperhomocisteinemia no solo puede deberse a defectos genéticos en el metabolismo de la homocisteína, sino también a causas adquiridas. La causa adquirida más común es la carencia de folatos, piridoxina o cobalamina.

El gen de la MTHFR (5,10-metilentetrahidrofolato reductasa) se localiza en el cromosoma 1p36.2 y la mutación C677T descrita por Frost consiste en la sustitución de una citosina por una timina en el nucleótido 677. Tal mutación origina la sustitución de una alanina por una valina en la posición 223 (figura 2).

Este cambio de aminoácido genera una variante de MTHFR termolábil, caracterizada por una reducción del 50 % de su actividad a 37°C, en comparación con la variante normal. En consecuencia, se reduce la capacidad del metabolismo de la homocisteína y puede aparecer una hiperhomocisteinemia leve-moderada, sobre todo cuando la mutación se encuentra en homocigosis, y especialmente si se asocian bajas concentraciones séricas de folatos.

Los mecanismos por los cuales la hiperhomocisteinemia actúa como aterogénica y trombogénica son parcialmente conocidos. Estos son el incremento en la proliferación de las células musculares e inhibición de la síntesis de ADN endoteliales, el aumento de la respuesta vasomotora y reducción de la expresión de la trombomodulina, el aumento de la expresión de factor tisular, la inhibición de la expresión de heparán-sulfato, la disminución de la liberación de óxido nítrico y prostaciclinas y la reducción de la unión del activador tisular del plasminógeno a su receptor endotelial.

3.1. Prevalencia general de C677T MTHFR

Una de las investigaciones fue comprobar la frecuencia de la mutación C677T en el gen MTHFR en 337 individuos (674 cromosomas) pertenecientes a cinco grupos étnicos: europeos, africanos, americanos, asiáticos y amerindios. Las frecuencias del alelo positivo entre europeos y asiáticos fueron similares a las reportadas previamente para poblaciones caucásicas. El alelo positivo parece ser algo más raro entre los amerindios (frecuencia 24,0%) en comparación con europeos y asiáticos, con una distribución heterogénea entre las cinco tribus indias analizadas. Por el contrario, la mutación tiene una prevalencia muy baja en los negros, especialmente entre los negros africanos, para quienes la mutación estaba ausente en homocigosidad. Nuestros datos indican que la mutación C677T de MTHFR tiene una distribución significativamente heterogénea entre diferentes grupos étnicos, hecho que puede contribuir a explicar las diferencias geográficas o raciales en el riesgo de enfermedad vascular.

Trás mi investigación, podemos observar en la tabla 2 que la mutación C677T MTHFR es un hallazgo frecuente en la población caucasiana, encontrándose hasta en el 38 % de los sujetos no seleccionados, pero es poco frecuente en raza negra, nativos de América del Sur y aborígenes de Oceanía. En el área geográfica de Salamanca la prevalencia es del 52 % y la frecuencia alélica del 31 %, cifras similares a las del resto de España y Europa.

3.2 Prueba de mutación MTHFR

Aunque una mutación MTHFR implica un mayor riesgo de defectos de nacimiento, la prueba generalmente no se recomienda para mujeres embarazadas. Tomar suplementos de ácido fólico durante el embarazo puede reducir en gran medida el riesgo de defectos congénitos del tubo neural. Por eso, a la mayoría de las mujeres embarazadas se les recomienda que tomen ácido fólico, tengan o no una mutación MTHFR.

La prueba también se puede hacer como parte de la evaluación del recién nacido, un simple examen de sangre que detecta una variedad de enfermedades graves.

Usted podría necesitar esta prueba si:

- Le hicieron una prueba de sangre que mostró niveles de homocisteína más altos de lo normal.
- A un pariente cercano le han diagnosticado una mutación MTHFR.
- Usted o familiares cercanos tienen antecedentes de enfermedad cardíaca prematura o trastornos de los vasos sanguíneos.

A un bebé también se le podría hacer una prueba de MTHFR como parte de la evaluación del recién nacido. La evaluación del recién nacido es una prueba de sangre simple que detecta una variedad de enfermedades graves.

Para realizar la prueba un profesional de la salud toma una muestra de sangre de una vena de un brazo con una aguja pequeña. Después de insertar la aguja, extrae una pequeña cantidad de sangre y la coloca en un tubo de ensayo o frasquito. Tal vez sienta una molestia leve cuando la aguja se introduce o se saca, pero el procedimiento suele durar menos de cinco minutos. En la evaluación del recién nacido, el profesional de la salud limpia el talón del bebé con alcohol y lo pincha con una aguja pequeña. Recoge unas gotas de sangre y coloca un vendaje en el sitio.

Las pruebas se suelen hacer cuando el bebé tiene entre 1 y 2 días de nacido, generalmente en el hospital donde nació. Si su bebé no nació en el hospital o le dieron el alta antes de hacerle la prueba, hable con su médico o profesional de la salud para programarla lo antes posible.

Los riesgos para la madre o el feto de una prueba de sangre de MTHFR son mínimos. Tal vez sienta un dolor leve o se le forme un moretón en el lugar donde se inserta la aguja, pero la mayoría de los síntomas desaparecen rápidamente. El bebé puede sentir un pequeño pellizco cuando se pincha el talón y se le puede formar un pequeño moretón. Esto debería desaparecer rápidamente.

Su resultado, positivo o negativo, indicará si usted tiene una mutación MTHFR. Si es positivo, mostrará cuál de las dos mutaciones tiene, y si tiene una o dos copias del gen mutado. Si sus resultados fueron negativos, pero tiene niveles de homocisteína altos, su médico o profesional de la salud puede pedir más pruebas para descubrir la causa

Sea cual sea el motivo de los niveles de homocisteína altos, su médico o profesional de la salud podría recomendarle tomar ácido fólico u otros suplementos de vitamina B o cambiar la dieta. Las vitaminas B pueden ayudar a que sus niveles de homocisteína vuelvan a la normalidad.

3.3 Prueba de homocisteína

La prueba de homocisteína mide la cantidad de homocisteína en una muestra de sangre. La homocisteína es un aminoácido. Los aminoácidos son moléculas que su cuerpo utiliza para producir proteínas.

La prueba de homocisteína se puede usar para:

- Averiguar si tiene una deficiencia de vitamina B6, B12 o ácido fólico: Estas vitaminas descomponen la homocisteína.

Por ello, si usted no tiene suficiente, sus niveles de homocisteína aumentarán. Una prueba de homocisteína puede hacerse con un examen de sangre para medir sus niveles de vitamina B.

- Ayudar a diagnosticar la homocistinuria: Homocistinuria es una enfermedad genética poco común que impide que el cuerpo utilice ciertos aminoácidos para producir proteínas importantes. Por lo general, los síntomas se presentan en el primer año de vida, pero pueden no aparecer hasta la infancia o más tarde. Síntomas comunes incluyen problemas de la vista, coágulos sanguíneos y huesos débiles. En los Estados Unidos, la mayoría de los recién nacidos tienen una evaluación de rutina que revisa si tienen homocisteína.

- Se sospecha de tener la mutación C677T.
- Entender mejor su riesgo de ataque cardíaco o accidente cerebrovascular si usted ya tiene un riesgo elevado: Su profesional de la salud puede pedir una prueba de homocisteína si usted ha sido diagnosticado con una enfermedad cardiaca o trastorno cardiovascular, o si tiene una afección que aumenta su riesgo de enfermedad cardiaca o cardiovascular, como:
  - ➔ Presión arterial alta.
  - ➔ Colesterol alto.
  - ➔ Diabetes.

Los expertos médicos no recomiendan una prueba de rutina de homocisteína para detectar el riesgo de afecciones cardiacas para todas las personas. Esto porque los investigadores no están seguros de cómo afectan los niveles de homocisteína a las afecciones del corazón y cardiovasculares. Hasta ahora, los estudios han mostrado que reducir los niveles de homocisteína no reduce el riesgo de ataque al corazón o accidente cerebrovascular.

Usted podría necesitar esta prueba si tiene síntomas que sugieran deficiencia de vitamina B12 o ácido fólico. Los síntomas pueden ser muy ligeros o severos y pueden incluir:

- Mareos.

- Cansancio o debilidad.
- Dolor de cabeza.
- Palpitaciones cardíacas (corazón acelerado o palpitante).
- Cambios en el color de la piel o en las uñas.
- Llagas en la lengua o la boca.
- Hormigueo o entumecimiento en las manos, los pies, los brazos o las piernas.

Su profesional de la salud puede solicitar esta prueba si tiene un alto riesgo de niveles bajos de vitamina B12 o ácido fólico porque:

- Tiene desnutrición.

- Es un adulto mayor. Con frecuencia los adultos mayores no pueden absorber suficiente vitamina B12 del alimento.
- Tiene un trastorno por consumo de alcohol o adicción a las drogas.

Su profesional de la salud puede recomendar esta prueba si:

- Ha tenido un ataque al corazón o accidente cerebrovascular.
- Tiene una o más afecciones que pueden aumentar su riesgo de ataque al corazón o accidente cerebrovascular, como colesterol LDL (malo) o presión arterial alta.

Para realizar la prueba, un médico o profesional de la salud toma una muestra de sangre de una vena de un brazo usando una aguja pequeña. Después de insertar la aguja, extrae una pequeña cantidad de sangre y la coloca en un tubo de ensayo o frasquito. Tal vez sienta una molestia leve cuando la aguja se introduce o se saca, pero el procedimiento suele durar menos de cinco minutos.

Tal vez tenga que ayunar (no comer ni beber nada) durante 8 a 12 horas antes de la prueba de homocisteína. Algunos medicamentos y suplementos pueden afectar sus resultados. Tendría que consultarle a su profesional de la salud acerca de todas las medicinas y suplementos que toma, en especial vitamina B. Pero nunca deje de tomar ningún medicamento a menos que su profesional de la salud se lo indique.

Los riesgos de una prueba de sangre son mínimos. Tal vez sienta un dolor leve o se le forme un moretón en el lugar donde se inserta la aguja, pero la mayoría de los síntomas desaparecen rápidamente.

Un nivel de homocisteína alto puede ser un signo de que:

- No está recibiendo suficiente vitamina B12 o ácido fólico en su dieta.
- Usted (o su hijo) tiene homocistinuria. Es probable que necesite más pruebas para

descartar o confirmar el diagnóstico de homocistinuria.

- Usted tiene un mayor riesgo de enfermedad del corazón, accidente cerebrovascular y otros trastornos cardiovasculares.

Niveles de homocisteína más altos de lo normal también pueden ocurrir con otras afecciones, como osteoporosis, enfermedad renal crónica, hipotiroidismo o la enfermedad de Alzheimer u otros tipos de demencia.

Si sus niveles de homocisteína son altos, esto no siempre significa que usted tenga un problema médico que requiere tratamiento. Sus resultados pueden verse afectados por:

- Su edad: Los niveles de homocisteína pueden aumentar con la edad
- El sexo: Los hombres generalmente tienen niveles de homocisteína más altos que las mujeres, pero los niveles en mujeres aumentan después de la menopausia
- Fumar

Conclusión

La prevalencia del polimorfismo C677T del gen MTHFR es muy frecuente en nuestro medio, siendo similar a la de los países de nuestro entorno.

Normalmente, los niveles de homocisteína son bajos. Esto es porque su cuerpo utiliza la vitamina B12, vitamina B6 y ácido fólico (también llamado folato o vitamina B9) para descomponer la homocisteína rápidamente y transformarla en otras sustancias que su cuerpo necesita. Aumentos de este aminoácido en la sangre pueden ser un signo de que este proceso no está funcionando bien o tener la mutación C677T.

Niveles altos de homocisteína pueden dañar el interior de sus arterias y aumentar su riesgo de formar coágulos sanguíneos. Esto puede incrementar su riesgo de ataque cardíaco, accidente cerebrovascular y otras enfermedades del corazón y problemas vasculares.

Algunos proveedores de salud optan por sólo evaluar los niveles de homocisteína, en lugar de hacer una prueba del gen de MTHFR. Esto se debe a que el tratamiento suele ser el mismo independientemente de si la elevación de los niveles de homocisteína fue causada por una mutación o no.

Su profesional de la salud puede sugerir que cambie los alimentos que consume. Comer una dieta balanceada puede ayudar a obtener la cantidad adecuada de vitaminas o incluso añadirle a su dieta complementos vitamínicos como puede ser el ácido fólico. Las investigaciones no demuestran que reducir los niveles de homocisteína puedan bajar su riesgo de ataque cardíaco o accidente cerebrovascular pero gracias a los avances científicos podemos diagnosticar, tratar y llevar un seguimiento todo lo que pueda causar este gen.

5. ANEXO

Figura 1 : Metabolismo intracelular de la homocisteína.

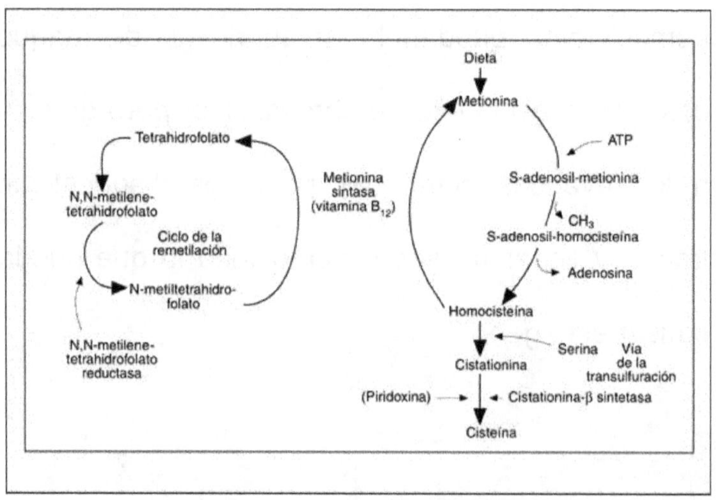

Figura 2 : Polimorfismo C677T del gen

metilentetrahidrofolato reductasa.

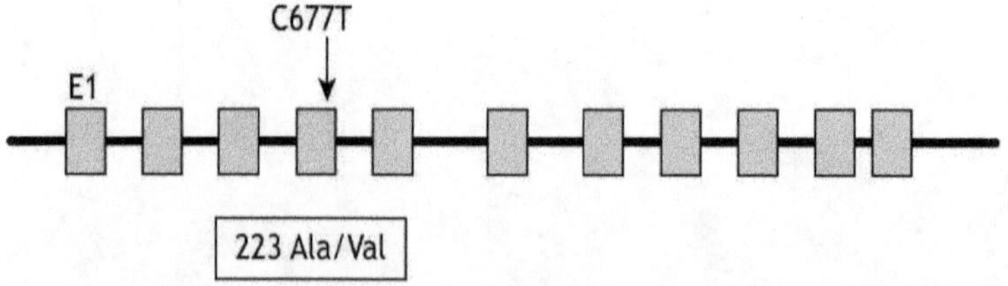

Tabla 1 : Principales causas de hiperhomocisteinemia

CONGÉNITAS

Déficit de cistationina-β-sintetasa (homocistinuria congénita clásica tipo I)

Deficiencia de MTHFR (homocistinuria congénita clásica tipo II)

Variante termolábil de MTHFR

ADQUIRIDAS

Envejecimiento

Déficit nutricional de folatos, cobalamina y/o piridoxina

Insuficiencia renal crónica

Hipotiroidismo

Anemia perniciosa

Neoplasias

Tóxicos (tabaco)

Fármacos

Antifolatos: metotrexato, fenotiacinas, antidepresivos tricíclicos, trimetropin

Anticobalamina: óxido nitroso

Antipiridoxina: azabrina, isoniacida, carbamacepina, teofilina, cicloserina

Tabla 2 : Prevalencia del polimorfismo C677T del 5,10-metilentetrahidrofolato reductasa en varios países del mundo

Región	Nº	Heterocigotos		Homocigotos		Prevalencia	Frecuencia alélica
		Nº	%	Nº	%		
Europa							
Grecia	160	87	54,4	13	8,1	62,5	35,3
Francia	133	70	53,3	13	10	62	36,1
Suecia	220	84	38,2	22	10	48,1	29,9

Italia	1.210	620	51,2	252	20,8	72	46
España							
Zaragoza	159	80	50	24	15	65,8	40,2
Valencia	716	374	52,2	113	15,8	68	41,9
Salamanca	300	123	41	33	11	52	31
América							
Brasil	100	10	20	1	2	11	6

Judíos Asquenazí	155	66	42,6	41	26,5	69,1	47,7
Caucasianos	187	65	32,5	25	12,5	48	30,7
Hispanos	100	26	52	5	10	62	36
Afroamericanos	526	89	16	8	1,5	19	10
África							

Zaire/ Camerún	134	7	10,4	0	0	10,4	5,2
Asia							
Jordania	200	32	16	16	8	24	16
China	1.832	824	45	398	21,7	66	44,2
Japón	778	360	46,4	79	10,2	56,7	33,2
Oceanía							
Australia	225	113	50,2	24	10,7	60,8	36

Figura 3 : Homocisteína

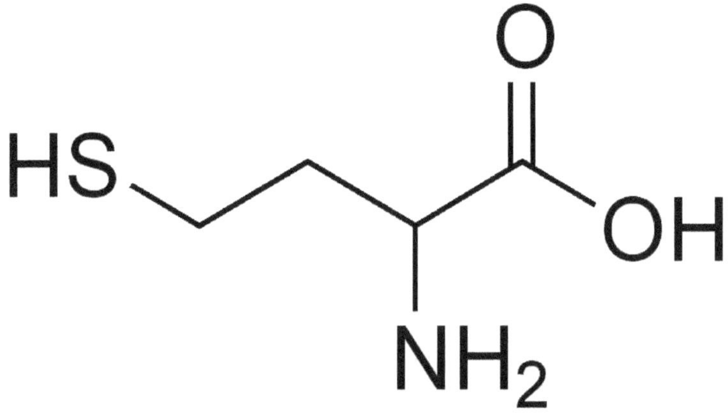

6. BIBLIOGRAFÍA

[1.]

C.J. Murray, A.D. Lopez.

Mortalidad por causa en ocho regiones del mundo: estudio de la carga mundial de morbilidad.

Lanceta 349 (1997), pp. 1269-1276

https://pubmed.ncbi.nlm.nih.gov/9142060/

[2.]

M. Nordstrom, B. Lindblad, D. Bergqvist, T. Kjellstrom.

Un estudio prospectivo de la incidencia de trombosis venosa profunda en una población urbana definida.

J Intern Med, 232 (1992), pp. 155-160

https://pubmed.ncbi.nlm.nih.gov/1506812/

[3.]

F.R. Rosendaal.

Factores de riesgo de trombosis venosa: prevalencia, riesgo e interacción.

Semin Hematol, 34 (1997), pp. 171-187

https://pubmed.ncbi.nlm.nih.gov/9241704/

[4.]

O. Egeberg.

Trombofilia causada por deficiencia hereditaria de antitrombina en sangre.

Scand J Clin Lab Invest, 17 (1965), pp. 92

https://pubmed.ncbi.nlm.nih.gov/14260761/

[5.]

J.H. Griffin, B. Evatt, T.S. Zimmerman, A.J. Kleiss, C. Wideman.

Deficiencia de proteína C en la enfermedad trombótica congénita.

J Clin Invest, 68 (1981), pp. 1370-1373

https://pubmed.ncbi.nlm.nih.gov/6895379/

[6.]

P.C. Comp, C.T. Esmon.

Tromboembolismo venoso recurrente en pacientes con deficiencia parcial de proteína S.

N Engl J Med, 311 (1984), pp. 1525-1528

https://pubmed.ncbi.nlm.nih.gov/6239102/

[7.]

R.M. Bertina, B.P. Koeleman, T. Koster, F.R. Rosendaal, R.J. Dirven, H. de Rode, *et al.*

Mutación en el factor V de la coagulación sanguínea asociada a resistencia a la proteína C activada.

Nature, 369 (1994), pp. 64-67

https://pubmed.ncbi.nlm.nih.gov/8164741/

[8.]

S.R. Poort, F.R. Rosendaal, P.H. Reitsma, R.M. Bertina.

Una variación genética común en la región 3′ no traducida del gen de la protrombina se relaciona con concentraciones plasmáticas elevadas de protrombina y un aumento de la trombosis venosa.

Blood, 88 (1996), pp. 3698-3703

https://pubmed.ncbi.nlm.nih.gov/8916933/

[9.]

P. Frosst, H.J. Blom, R. Milos, P. Goyette, C.A. Sheppard, R.G. Matthews, *et al.*

Un factor de riesgo genético candidato para la enfermedad vascular: una mutación común en la metilentetrahidrofolato reductasa.

Nat Genet, 10 (1995), pp. 111-113

https://www.nature.com/articles/ng0595-111

[10.]

V. De Stefano, G. Finazzi, P.M. Mannucci.

Inherited thrombophilia: pathogenesis, clinical syndromes, and management.

Blood, 87 (1996), pp. 3531-3544

https://pubmed.ncbi.nlm.nih.gov/8611675/

[11.]

A. D'Angelo, J. Selhub.

Homocysteine and thrombotic disease.

Blood, 90 (1997), pp. 1-11

https://pubmed.ncbi.nlm.nih.gov/9207431/

[12.]

N.A. Carson, D.C. Cusworth, C.E. Dent, C.M. Field, D.W. Neill, R.G. Westall.

Homocystinuria: a new inborn error of metabolism associated with mental deficiency.

Arch Dis Child, 38 (1963), pp. 425-436

https://pubmed.ncbi.nlm.nih.gov/14065982/

[13.]

T. Gerritsen, J.G. Vaughn, H.A. Waisman.

The identification of homocysteine in the urine.

Biochem Biophys Res Commun, 9 (1962), pp. 493-496

https://pubmed.ncbi.nlm.nih.gov/13960563/

[14.]

L. Laster, S.H. Mudd, J.D. Finkelstein, F. Irreverre.

Homocystinuria due to cystathionine synthase deficiency: the metabolism of l-methionine.

J Clin Invest, 44 (1965), pp. 1708-1719

https://www.jci.org/articles/view/105278

[15.]

K.S. McCully.

Vascular pathology of homocysteinemia: implications for the pathogenesis of arteriosclerosis.

Am J Pathol, 56 (1969), pp. 111-128

https://pubmed.ncbi.nlm.nih.gov/5792556/

[16.]

S.H. Mudd, B.W. Uhlendorf, J.M. Freeman, J.D. Finkelstein, V.E. Shih.

Homocystinuria associated with decreased methylenetetrahydrofolate reductase activity.

Biochem Biophys Res Commun, 46 (1972), pp. 905-912

https://pubmed.ncbi.nlm.nih.gov/5057914/

[17.]

G. Starkebaum, J.M. Harlan.

Endothelial cell injury due to copper-catalyzed hydrogen peroxide generation from homocysteine.

J Clin Invest, 77 (1986), pp. 1370-1376

https://www.jci.org/articles/view/112442

[18.]

J.C. Tsai, M.A. Perrella, M. Yoshizumi, C.M. Hsieh, E. Haber, R. Schlegel, *et al.*

Promotion of vascular smooth muscle cell growth by homocysteine: a link to atherosclerosis.

Proc Natl Acad Sci U S A, 91 (1994), pp. 6369-6373

https://pubmed.ncbi.nlm.nih.gov/8022789/

[19.]

S.R. Lentz, C.G. Sobey, D.J. Piegors, M.Y. Bhopatkar, F.M. Faraci, M.R. Malinow, *et al.*

Vascular dysfunction in monkeys with diet-induced hyperhomocyst(e)inemia.

J Clin Invest, 98 (1996), pp. 24-29

https://www.jci.org/articles/view/118771

[20.]

R.H. Fryer, B.D. Wilson, D.B. Gubler, L.A. Fitzgerald, G.M. Rodgers.

Homocysteine, a risk factor for premature vascular disease and thrombosis, induces tissue factor activity in endothelial cells.

Arterioscler Thromb, 13 (1993), pp. 1327-1333

https://pubmed.ncbi.nlm.nih.gov/8364016/

[21.]

M. Nishinaga, T. Ozawa, K. Shimada.

Homocysteine, a thrombogenic agent, suppresses anticoagulant heparan sulfate expression in cultured porcine aortic endothelial cells.

J Clin Invest, 92 (1993), pp. 1381-1386

https://www.jci.org/articles/view/116712

[22.]

J.S. Stamler, J.A. Osborne, O. Jaraki, I.E. Rabbani, M. Mullins, D. Singel, *et al.*

Adverse vascular effects of homocysteine are modulated by endothelium-derived relaxing factor and related oxides of nitrogen.

J Clin Invest, 91 (1993), pp. 308-318

http://dx.doi.org/10.1172/JCI116187 | Medline

[23.]

J. Wang, N.P. Dudman, D.E. Wilcken.

Effects of homocysteine and related compounds on prostacyclin production by cultured human vascular endothelial cells.

Thromb Haemost, 70 (1993), pp. 1047-1052

Medline

[24.]

K.A. Hajjar.

Homocysteine-induced modulation of tissue plasminogen activator binding to its endothelial cell membrane receptor.

J Clin Invest, 91 (1993), pp. 2873-2879

http://dx.doi.org/10.1172/JCI116532 | Medline

[25.]

J.G. Ray.

Meta-analysis of hyperhomocysteinemia as a risk factor for venous thromboembolic disease.

Arch Intern Med, 158 (1998), pp. 2101-2106

Medline

[26.]

R.F. Franco, A.G. Araújo, J.F. Guerreiro, J. Elion, M.A. Zago.

Analysis of the 677 C- > T mutation of the methylenetetrahydrofolate reductase gene in different ethnic groups.

Thromb Haemost, 79 (1998), pp. 119-121

Medline

[27.]

T. Antoniadi, T. Hatzis, C. Kroupis, E. Economou-Petersen, M.B. Petersen.

Prevalence of factor V Leiden, prothrombin G20210A, and MTHFR C677T mutations in a Greek population of blood donors.

Am J Hematol, 61 (1999), pp. 265-267

Medline

[28.]

F. Couturaud, E. Oger, J.H. Abalain, E. Chenu, B. Guias, H.H. Floch, *et al.*

Methylenetetrahydrofolate reductase C677T genotype and venous thromboembolic disease.

Respiration, 67 (2000), pp. 657-661

http://dx.doi.org/56296 | Medline

[29.]

L. Brattstrom, Y. Zhang, M. Hurtig, H. Refsum, S. Ostensson, L. Fransson, *et al.*

A common methylenetetrahydrofolate reductase gene mutation and longevity.

Atherosclerosis, 141 (1998), pp. 315-319

Medline

[30.]

E. Sacchi, I. Tagliabue, F. Duca, P.M. Mannucci.

High frequency of the C677T mutation in the methylenetetrahydrofolate reductase (MTHFR) gene in northern Italy.

Thromb Haemost, 78 (1997), pp. 963-964

Medline

[31.]

J.I. Gutiérrez Revilla, H.F. Pérez, M.T. Calvo Martín, S.M. Tamparillas, R.J. Gracia.

[C677T and A1298C MTHFR polymorphisms in the etiology of neural tube defects in Spanish population].

Med Clin (Barc), 120 (2003), pp. 441-445

[32.]

M. Guillén, D. Corella, O. Portolés, J.I. González, F. Mulet, C. Sáiz.

Prevalence of the methylenetetrahydrofolate reductase 677C > T mutation in the mediterranean Spanish population. Association with cardiovascular risk factors.

Eur J Epidemiol, 17 (2001), pp. 255-261

Medline

[33.]

P.L. Rady, S.K. Tyring, S.D. Hudnall, T. Vargas, L.H. Kellner, H. Nitowsky, *et al.*

Methylenetetrahydrofolate reductase (MTHFR): the incidence of mutations C677T and A1298C in the Ashkenazi Jewish population.

Am J Med Genet, 86 (1999), pp. 380-384

Medline

[34.]

J.M. Conroy, G. Trivedi, T. Sovd, M. Caggana.

The allele frequency of mutations in four genes that confer enhanced susceptibility to venous thromboembolism in an unselected group of New York state newborns.

Thromb Res, 99 (2000), pp. 317-324

Medline

[35.]

S.S. Eid, G. Rihani.

Prevalence of factor V Leiden, prothrombin G20210A, and MTHFR C677T mutations in 200 healthy Jordanians.

Clin Lab Sci, 17 (2004), pp. 200-202

Medline

[36.]

Z. Li, L. Sun, H. Zhang, Y. Liao, D. Wang, B. Zhao, *et al.*

Elevated plasma homocysteine was associated with hemorrhagic and ischemic stroke, but methylenetetrahydrofolate reductase gene C677T polymorphism was a risk factor for thrombotic stroke: a multicenter case-control study in China.

Stroke, 34 (2003), pp. 2085-2090

http://dx.doi.org/10.1161/01.STR.0000086753.00555.0D | Medline

[37.]

H. Morita, J. Taguchi, H. Kurihara, M. Kitaoka, H. Kaneda, K. Kurihara, *et al.*

Genetic polymorphism of 5,10-methylenetetrahydrofolate reductase (MTHFR) as a risk factor for coronary artery disease.

Circulation, 95 (1997), pp. 2032-2036

Medline

[38.]

D.E. Wilcken, X.L. Wang, A.S. Sim, R.M. Mccredie.

Distribution in healthy and coronary populations of the methylenetetrahydrofolate reductase (MTHFR) C677T mutation.

Arterioscler Thromb Vasc Biol, 16 (1996), pp. 878-882

Medline

[39.]

V.R. Arruda, P.M. Von Zuben, L.C. Chiaparini, J.M. Annichino-Bizzacchi, F.F. Costa.

The mutation ala677- > val in the methylene tetrahydrofolate reductase gene: a risk factor for arterial disease and venous thrombosis.

Thromb Haemost, 77 (1997), pp. 818-821

Medline

[40.]

M. Cattaneo, M.Y. Tsai, P. Bucciarelli, E. Taioli, M.L. Zighetti, M. Bignell, *et al.*

A common mutation in the methylenetetrahydrofolate reductase gene (C677T) increases the risk for deep-vein thrombosis in patients with mutant factor V (factor V:Q506).

Arterioscler Thromb Vasc Biol, 17 (1997), pp. 1662-1666

Medline

[41.]

L. Brattström, D.E. Wilcken, J. Ohrvik, L. Brudin.

Common methylenetetrahydrofolate reductase gene mutation leads to hyperhomocysteinemia but not to vascular disease: the result of a meta-analysis.

Circulation, 98 (1998), pp. 2520-2526

Medline

[42.]

R. Gohil, G. Peck, P. Sharma.

The genetics of venous thromboembolism. A meta-analysis involving ≈ 120. 000 cases and 180.000 controls.

Thromb Haemost, 102 (2009), pp. 360-370

http://dx.doi.org/10.1160/TH09-01-0013 | Medline

[43.]

D.S. Wald, M. Law, J.K. Morris.

Homocysteine and cardiovascular disease: evidence on causality from a meta-analysis.

BMJ, 325 (2002), pp. 1202

Medline

[44.]

J.G. Ray, D. Shmorgun, W.S. Chan.

Common C677T polymorphism of the methylenetetrahydrofolate reductase gene and the risk of venous thromboembolism: meta-analysis of 31 studies.

Pathophysiol Haemost Thromb, 32 (2002), pp. 51-58

http://dx.doi.org/65076 | Medline

[45.]

J. Frederiksen, K. Juul, P. Grande, G.B. Jensen, T.V. Schroeder, A. Tybjaerg-Hansen, *et al.*

Methylenetetrahydrofolate reductase polymorphism (C677T), hyperhomocysteinemia, and risk of ischemic cardiovascular disease and venous thromboembolism: prospective and case-control studies from the Copenhagen City Heart Study.

Blood, 104 (2004), pp. 3046-3051

http://dx.doi.org/10.1182/blood-2004-03-0897 | Medline

[46.]

L. Agoşton-Coldea, I.D. Rusu, C. Bobar, M.L. Rusu, T. Mocan, I.M. Procopciuc.

Recurrent thrombembolic risk in patients with multiple thrombophilic disorders.

Rom J Intern Med, 46 (2008), pp. 261-266

Medline

[47.]

I. Suárez García, J.F. Gómez Cerezo, J.J. Ríos Blanco, F.J. Barbado, J.J. Vázquez.

La homocisteína. ¿El factor de riesgo cardiovascular del próximo milenio?.

An Med Interna, 18 (2001), pp. 212-214

[48.]

M.B. Keijzer, G.F. Borm, H.I. Blom, G.M. Bos, F.R. Rosendaal, M. den Heijer.

No interaction between factor V Leiden and hyperhomocysteinemia or MTHFR 677TT genotype in venous thrombosis. Results of a meta-analysis of published studies and a large case-only study.

Thromb Haemost, 97 (2007), pp. 32-37

Medline

[49.]

J.R. González-Porras, R. García-Sanz, I. Alberca, M.L. López, A. Balanzategui, O. Gutiérrez, *et al.*

Risk of recurrent venous thrombosis in patients with G20210A mutation in the prothrombin gene or factor V Leiden mutation.

Blood Coagul Fibrinolysis, 17 (2006), pp. 23-28

http://dx.doi.org/10.1097/01.mbc.0000201488.33143.09 | Medline

[50.]

P. Ivanov, R. Komsa-Penkova, K. Kovacheva, Y. Ivanov, A. Stoyanova, I. Ivanov, *et al.*

Impact of thrombophilic genetic factors on pulmonary embolism: early onset and recurrent incidences.

Lung, 186 (2008), pp. 27-36

http://dx.doi.org/10.1007/s00408-007-9061-7 | Medline

[51.]

M. Den Heijer, H.P.J. Willems, H.J. Blom, W.B.J. Gerrits, M. Cattaneo, S. Eichinger, *et al.*

Homocysteine lowering by B vitamins and the secondary prevention of deep vein thrombosis and pulmonary embolism: a randomized, placebo-controlled, double-blind trial.

Blood, 109 (2007), pp. 139-144

http://dx.doi.org/10.1182/blood-2006-04-014654 |

Medline

[52.]

J.G. Ray, C. Kearon, Q. Yi, P. Sheridan, E. Lonn, Heart outcomes prevention evaluation 2 (hope-2) investigators.

Homocysteinelowering therapy and risk for venous thromboembolism: a rando mized trial.

Ann Intern Med, 146 (2007), pp. 761-767

Medline

www.ingramcontent.com/pod-product-compliance
Lightning Source LLC
Chambersburg PA
CBHW071624170526
45166CB00003B/1178

* 9 7 8 1 4 7 1 0 2 6 8 2 9 *